国家电网公司
STATE GRID
CORPORATION OF CHINA

安全文化建设
指引手册

国网辽宁省电力有限公司安全监察部　组编

辽宁人民出版社

要全面贯彻党的二十大精神，深刻认识国家安全面临的复杂严峻形势，正确把握重大国家安全问题，加快推进国家安全体系和能力现代化，以新安全格局保障新发展格局，努力开创国家安全工作新局面。

——习近平总书记在二十届中央国家安全委员会第一次会议上的讲话（2023年5月30日）

《人民日报》2023年5月31日

　　坚持安全第一、预防为主，建立大安全大应急框架，完善公共安全体系．推动公共安全治理模式向事前预防转型。推进安全生产风险专项整治，加强重点行业、重点领域安全监管。提高防灾减灾救灾和重大突发公共事件处置保障能力，加强国家区域应急力量建设。

——习近平总书记在中国共产党第二十次全国代表大会上的报告（2022年10月16日）

《人民日报》2022年10月26日

　　人民至上、生命至上，保护人民生命安全和身体健康可以不惜一切代价。

——习近平总书记在参加十三届全国人大三次会议内蒙古代表团审议时的讲话（2020年5月22日）

《人民日报》2020年5月23日

　　要坚持群众观点和群众路线，坚持社会共治，完善公民安全教育体系，推动安全宣传进企业、进农村、进社区、进学校、进家庭，加强公益宣传，普及安全知识，培育安全文化，开展常态化应急疏散演练，支持引导社区居民开展风险隐患排查和治理，积极推进安全风险网格化管理，筑牢防灾减灾救灾的人民防线。

——习近平总书记在中共中央政治局第十九次集体学习时的讲话（2019 年 11 月 29 日）

《人民日报》2019 年 12 月 1 日

　　各级党委和政府特别是领导干部要牢固树立安全生产的观念，正确处理安全和发展的关系，坚持发展决不能以牺牲安全为代价这条红线。

——习近平总书记在中共中央政治局常委会会议上的讲话（2016 年 7 月）

《人民日报》2016 年 7 月 21 日

着力构建特色安全文化
建久安之势成长治之业

      国网辽宁省电力有限公司认真学习贯彻习近平总书记关于安全生产的重要论述,坚决落实国家电网有限公司关于安全生产的工作部署,坚持"人民至上、生命至上",坚持"埋头苦干、争先创优"工作理念,发扬"严细实、清正廉"工作作风,夯三基、提业绩,全面实施"卓越辽电三年工程",着力打造具有辽电特色的安全文化,筑牢保证企业长治久安的基石,为实现"一体四翼"高质量发展提供坚强安全保障。

提高政治站位　坚持旗帜领航

思想引领，树牢安全发展理念。深入贯彻党的二十大精神，将习近平总书记关于安全生产的重要论述、总体国家安全观和党中央、国务院关于安全生产的决策部署纳入党委会"第一议题"、安委会会议、党支部"三会一课"和教育培训重要内容，开展"安全生产大讨论""安全大家谈""主题安全日"等活动，进一步提高政治站位，让"两个至上"入脑入心，贯穿于安全生产各项工作当中。

强化全员履责　扛牢安全责任

率先垂范，压实领导责任。各级领导干部严格落实"党政同责、一岗双责"，切实扛起首要责任，开展"安全大讲堂""领导包片"等活动，带头深入基层宣讲安全课，带队深入一线开展"四不两直"督查，察实情、出实招、抓管理、解难题，有效协调处理安全与发展的关系。

精准管控，压实专业责任。刚性执行"三管三必须"，坚持抓安全与抓业务并重，将安全文化嵌入专业安全管理中，守牢专业安全防线，形成专业联控合力，做实风险预警管控、隐患排查治理、反违章等工作，坚决做到守土有责、守土负责、守土尽责。

明责履责，压实全员责任。滚动更新全员安全责任清单、领导班子成员"两个清单"，消除责任空白地带，促进全员主动履责、自主提升，逐步实现从"要我安全"向"我要安全""我会安全"的转变。

完善机制建设　前移管控关口

防微杜渐，强化安全风险管控。坚持从源头上防范化解重大安全风险，充分发挥安全风险管控机制作用，常态化开展"前置式"风险督查，风险保障分析细致、预控措施完善、执行落实到位，实现重点风险督查全覆盖，未雨绸缪，切实防范和遏制各类事故发生。

居安思危，强化隐患排查治理。逐级修订隐患排查标准，印发重点隐患治理清单，深入推进重大事故隐患专项排查整治2023行动，及时遏制苗头性、倾向性风险隐患，推进安全管理模式向事前预防转型，真正把隐患消除在萌芽之时、事发之前。

严格现场管控　聚力强基固本

重心下沉，严抓现场安全管控。各级管理人员立足岗位，把安全管理重心延伸到现场，坚持到岗到位和同进同出，抓实风险分级管控，严格全过程常态化安全监管，保障各项安全措施落地、落实。

铁腕治安，加大违章整治力度。树牢"违章就是隐患、违章就是事故"理念，实施安全监督全覆盖、违章考核零容忍。开展典型违章集中治理专项行动，聚焦各专业高发、易发违章行为，追本溯源、靶向施策，推广"反违章桌面推演"，实现违章行为从"事后处罚"向"超前预控"的良性转变，持续强化全员安全意识和反违章能力，坚决打赢反违章攻坚战。

久久为功，夯实安全管理根基。精准把握基层作为安全管理最末端、工作最前沿的特点，立足

基层安全生产实际，强化安全制度执行；充分理解基础是安全发展的关键，在标准化、规范化、精细化上下功夫，夯实安全基础；全面领会基本功是安全生产的根本，提升全员业务能力，不断提高安全素养，夯牢"三基"保安全。

坚持守正创新　根植文化沃土

多向发力，丰富文化载体。创新实施"家文化"港湾工程建设，深入开展"辽电家文化温暖行"文化巡演，扎实推进"送温暖、送文化、送健康到基层"活动，营造家庭式、亲情式的氛围，提升员工对安全文化的认同，推动安全文化建设走深走实、共保平安。

聚焦传承，锻造文化品牌。借助国网辽宁省电力有限公司（以下简称国网辽宁电力）文化优势资源，合力开展安全文化传播，全力打造安全文化品牌，形成各具特色的安全文化格局，百花齐放，展现国网辽宁电力独有特质。

试点先行，构建文化阵地。依托国家安全文化示范企业建设，开展安全文化建设试点提升，构建内涵统一、系统完善、特色鲜明的文化体系，树立典型，以点带面，推动安全文化落地生根。

国网辽宁电力坚持"两个至上"，树牢"安全就是效益"理念，深耕"责任田"，紧绷"安全弦"，守好"安全关"，凝心聚力构建"共建共治共享"的大安全格局，坚定信心、全力以赴打造"卓越辽电"，勇当公司"一体四翼"高质量发展"先锋队"，为全面推进具有中国特色国际领先的能源互联网企业建设做出新的更大贡献。

·企业宗旨·

人民电业为人民

·公司使命·

为美好生活充电、为美丽中国赋能

·战略目标·

具有中国特色国际领先的能源互联网企业

·发展布局·

一业为主、四翼齐飞、全要素发力（一体四翼）

目录 ——————— CONTENTS

01
第一篇

安全文化建设概述

国内安全文化建设现状

20 世纪 80 年代,国际核工业领域开始思考研究安全管理模式、工作作风和习惯、个人参与度与核安全水平相关性,首次提出"安全文化"这一概念。安全文化对安全生产工作的重要意义逐步成为优秀企业的普遍共识。

20 世纪 90 年代以来,国内安全文化在各行业、各领域陆续传播、实践。2008 年,国家安全生产监督管理总局颁布《企业安全文化建设导则》和《企业安全文化建设评价准则》,从制度上给予企业安全文化建设明确指导和要求。2010 年,中国核能电力股份有限公司借鉴国际核安全文化体系,开始安全文化建设探索,历经 13 年固化形成"中国核电卓越核安全文化十大原则";2023 年,中国民用航空局在消化吸收国际航空规则的基础上,提出"生命至上、安全第一、遵章履责、崇严求实"核心价值理念,构建以忧患文化、责任文化、法治文化、诚信文化、协同文化、报告文化、公正文化、精益文化、严管厚爱文化、求真务实文化为主要内容的安全文化价值体系,为国内企业安全文化建设提供了典型经验。

关于安全文化的研究。陈登山指出，现代企业经营理念、管理方式、价值观念、群体意识、道德规范等因素一同构成了企业安全文化的内涵。他以东营市某企业安全文化建设现状为例，并借鉴国内外相关的成功经验，从政府和企业两个方面对东营市企业安全文化建设的方案和体系进行了重新规划，以此稳定东营市安全生产形势。对于企业生产安全管理能力的提升，减少和预防安全事故提高安全保障水平来讲，意义重大。邵晖认为安全文化建设是企业安全管理软实力的体现。他通过对国内外知名企业的安全文化生产建设的借鉴，提出了公司安全文化建设的框架结构，用6个模型来激励企业，员工用安全文化来武装自己的头脑，规范生产生活行为，从而最大限度地保障企业经济利益和员工的人身安全，并提高企业员工安全素质以及解决问题的能力。

关于安全管理复杂性的研究。刘天孝以贵州一家军工制造企业为例，研究了其复杂的工艺安全管理，因机械加工、铸造、钣金、冲压等专业技术强，老旧设备占大多数，重复发生安全生产隐患风险较高。郝奕景运用本质安全理论、海因里希因果连锁理论等相关理论对某电力企业安全生产进行了研究。重点分析了企业环境、人员、设备、管理、文化等存在的企业安全生产管理以及原因。

关于安全管理成效的研究。何坚辉运用PDCA循环体系对某公司安全管理成效进行了研究，重点关注人、设备、环境在安全生产管理工作中的风险管理，通过风险识别、评估、控制、效果评价等风险管理流程，加强"事前控制"，革新"事后分析"，构建了一个具有现代特色的电力生产安全管理体系，对安全生产事故的预防起到积极作用。

关于安全事故的研究。唐钰通过贝叶斯网络模型对某特种钢管制造企业2012年开始三年间的70多起安全事故进行了研究指出，人的不安全行为和物品的不安全状态是造成安全事故多样性和复杂性的主要原因。另外管理不到位、工作环境不安全等条件与事故的发生也有很大关系。这是重工业企业的一块心病，需要工作人员、工作物品、工作环境管理的综合体系建设。

行业内安全文化建设现状

改革开放以来，电力行业安全文化建设工作成效明显，"安全第一，预防为主，综合治理"的安全生产方针和"以人为本，安全发展"的安全价值观已经深入人心，尤其是2002年以来开展的全国"安全生产月"及"安全生产万里行"活动已成为电力行业安全文化建设的重要一环。另外，电力职工"安康杯"竞赛及"青年安全监督岗""青年安全生产示范岗"等活动的开展，更加丰富了安全文化建设的载体。2020年，国家能源局发布了《电力安全文化建设指导意见》，该文件全面系统地规划了电力行业的安全文化建设，特别提出了核心价值理念"和谐·守规"，推动了电力行业安全文化的快速发展。南方电网超高压输电公司深入领悟提出"严爱结合、人网共安"安全理念，各下属单位在该理念的引领下，结合自身实际打造出一批独具特色的安全文化子品牌。

公司吸纳了国内外安全文化的先进理念和成功经验，根据公司的实际安全生产情况，提出了"十二个核心安全理念"，使公司的安全文化建设进入了新阶段。

第一阶段
新中国成立前

在辽宁省，电力的使用可以追溯到 20 世纪初。当时，一些城市和工厂开始使用电力，但电力系统不够成熟，存在很多安全隐患。

辽宁全省发电设备容量 43.2 万 kW，年发电量 8.05 亿 kWh，供电服务人口 1800 万。

第二阶段

从新中国成立到改革开放前夕

新中国成立后，中国电力工业开始进入恢复时期，经历了燃料工业部、电力工业部和水利电力部三个阶段，在基础薄弱、技术落后的客观背景下，提出了树立"安全第一"的思想，引入《电业安全工作规程》，对保障人身和设备安全起到了重要作用，开启了构建安全管理制度体系的新篇章。随着中国经济的不断增长，电力行业在辽宁省得到了迅速发展。新建电厂、电网的建设，以及电力供应的稳定性变得日益重要。新中国成立后这一时期，尚未形成电力安全文化的概念。

第三阶段

从改革开放初期到21世纪初

中国进行了电力体制改革，引入了市场竞争和多元化的电力供应模式。电网进入统一集中管理时期，电力基础设施建设加快，中国电力工业形成改革促发展的局面。全国安全生产委员会成立，提出"安全第一、预防为主"安全生产方针。这一时期，安全文化概念和定义逐步明晰并在世界范围内广泛传播。《中国安全文化发展战略建议书》和《21世纪国家安全文化建设纲要》对中国安全文化建设进行了系统思考。公司发布《安全生产工作规定》，对安全生产宣传教育和安全生产月活动的开展做出明确规定，安全文化建设进入探索阶段。

第四阶段

从21世纪初到党的十八大召开前

　　从 21 世纪初到党的十八大召开前电网建设进入快速发展时期，中国电力工业初步形成"国家管网、多家办电"的总体发展格局。首部《中华人民共和国安全生产法》颁布实施，立法明确了"安全第一、预防为主"安全生产方针。党的十六届五中全会把"综合治理"充实到安全生产方针当中。这一时期，《企业安全文化建设导则》《企业安全文化建设评价准则》《关于开展安全文化建设示范企业创建活动的指导意见》颁布，企业安全文化建设标准得到明确。经过多年实践积淀，公司于 2010 年明确提出"相互关爱 共保平安"安全理念，并于 2011 年印发《企业文化建设管理办法》，为安全文化建设指明了方法路径，安全文化建设迈入全面实践阶段。

第五阶段

进入中国特色社会主义新时代以来

　　自党的十八大以来，以习近平同志为核心的党中央高度重视安全生产工作，习近平总书记多次作出重要指示批示，提出了"四个革命、一个合作"的能源安全新战略，开启了中国电力工业高质量发展的新篇章。此外，2021年修正的《中华人民共和国安全生产法》明确了安全生产工作应当坚持中国共产党的领导原则，坚持人民至上和生命至上的核心价值观，并将"三管三必须"要求写入法律框架。在这一时期，公司积极推进本质安全建设，构建更加完善的安全管理体系，并不断加强安全管理和监督机制。这一时期产生了许多安全文化典型经验和杰出成果，初步形成了一种文化与管理相互促进的良性互动，呈现出螺旋式上升的趋势。

公司吸纳了国内外安全文化的先进理念和成功经验，根据公司的实际安全生产情况，提出了"十二个核心安全理念"，使公司的安全文化建设进入了新的阶段。

02
第二篇

安全文化价值体系

辽宁电力"一加十"安全文化体系

一个品牌，十个重点

（一）辽电"安·宁"品牌

以安宁护辽电　　以安宁助辽电　　以安宁兴辽电

辽电"安·宁"

　　品牌是公司安全文化的根植与实践。"安"是发展的基本保障，意指平安需求，表明公司从事电力生产经营活动必须把安全放在首位，"宁"有安定、和谐之意，"安宁"概括性表现安全追求，既有公司安全文化地域属性，又有安全生产的长期性、战略性，客观属性，体现了公司安全生产目标方向。

"安·宁"

　　寓意公司在传承中创新，在创新中发展，坚持铁腕治安、文化强安，在生产经营和服务地方经济、社会民生的过程中，以人为本，安全第一，以安全稳定的局面保障"一体四翼"高质量发展。

（二）十个重点

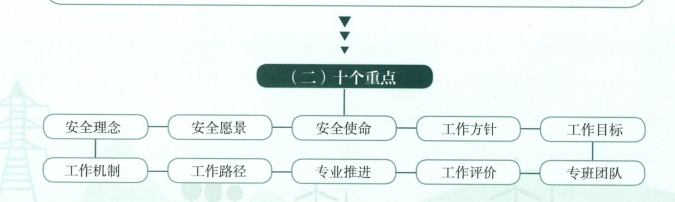

安全理念	安全愿景	安全使命	工作方针	工作目标
工作机制	工作路径	专业推进	工作评价	专班团队

安全
理念

安全第一　人人尽责
重在现场　事前预防
真抓实干　铁腕治安
久久为功　守正创新
安全效益　共享平安

安全
理念

以人为本　关爱生命
坚守红线　安全发展

公司以习近平总书记关于安全生产的重要论述和重要指示批示精神为指导，严格落实国家电网公司安全生产各项决策部署，准确把握安全生产客观规律，坚持"以人为本，生命至上，安全发展"核心安全理念，以及国网十项安全理念，专心一意、刻苦细致地做好安全文化文化建设工作，打造国网标杆、行业领先的特色安全文化品牌，筑牢保证公司长治久安的基石。

人人讲安全
公司保安全

安全
愿景

    公司着力增强安全生产主人翁意识，实现"要我安全"向"我要安全"到"我会安全"的意识转变。不断丰富安全活动和安全文化物态载体，提升员工对安全文化的认同感，推动广大干部员工讲安全、抓安全，培养"人人讲安全，公司保安全"的安全生产共同体，实现个人、企业共保平安。

安全
使命

压紧安全责任　守牢员工生命
保障电力供应

公司以"关键少数"履责带动和激励全体人员知责、明责、履责，严格落实"三管三必须"要求，逐级拧紧安全责任链条。将安全文化融入专业安全管理中，切实强化风险预警管控、隐患排查治理、反违章等工作，坚决守牢员工生命安全。扛牢电力保供首要责任，多措并举保障电力安全可靠供应，践行"人民电业为人民"的企业宗旨。

以人为本　安全第一
预防为主　综合治理

工作
方针

　　公司在安全生产经营活动中，始终坚持人民至上、生命至上，将安全放在各项工作的首位，注重关口前移，超前防范，构筑坚固的安全防线。正视安全生产工作的长期性、艰巨性和复杂性，系统推进、综合施治，综合运用多种手段，多管齐下，有效解决安全生产领域的问题，提升安全管理能力和水平。

工作目标

七杜绝
一确保

　　"七杜绝，一确保"是公司年度安全生产工作目标。公司以"一加十"安全文化建设体系为基础，打造一批各具特色、有广泛传播力、内容充实的辽宁公司安全文化特色品牌，致力于建成国内领先、行业标杆、世界一流的安全文化体系，以良好的安全环境保障公司高质量发展。

严细实
清正廉
工作要求

　　"严"就是高标准、严要求，提高工作和管理标准，强化纪律和规矩意识。"细"就是精益化、提质效，深入细致、精益求精，提高管理精度。"实"就是言必信、行必果，狠抓工作落实，形成工作闭环，务求工作实效。公司在安全文化建设上以最"严"标准、最"细"举措、最"实"作风，严守"清正廉"底线，聚合力、高标准实施，推动安全文化建设。

工作路径

调研　策划　指引
跟踪　完善

安全文化是一项长期工程，是系统化、分段、有重点的长效工作，体现在适合和效果呈现两个方面。安全文化要注重传承，通过调研来寻根，要有理论启迪，深入策划，要在安全价值观指导下，对各种安全问题所产生的内在反应倾向，实现安全文化融入和赋能，循序渐进，持续跟踪，推动安全文化持续完善。

"1+16" 专业组

专业推进

公司成立安全文化建设领导小组，全面统筹安全文化建设规划工作。强化安全保证体系各专业作用，由安监部牵头负责，各相关专业协同配合，落实安全文化建设各项决策部署，建立"横向到边、纵向到底"的安全文化共建工作机制，以专业安全文化带动安全文化建设，确保各项工作专业间沟通顺畅、务实高效。

工作评价

过程监测　定期评估
整改提升

公司以《国家电网公司安全文化建设评估规范》为指导，结合公司实际，构建具有辽电特色的安全文化建设评估体系，掌握单位安全文化现状和安全文化建设成效，按照"监测（评估）、分析、整改"的过程循环改进。同时凝练总结优秀建设经验，培育特色亮点，树立标杆典型。

成立"1+N"专班团队

  建立公司安全文化建设专家库，发挥省建设专家团队作用，策划、指导公司安全文化建设。在市级单位建立"雷锋精神"、"义东精神"、"带电精神"、"铁军精神"以及县区、班组级特色安全文化品牌工作团队。各级工作团队协同发力，示范引路、精品带动，高质量开展安全文化建设。

安全文化党建引领

在公司安全生产中的引领保障作用中，实施"党建＋安全"工程，推动党建与安全文化建设深度融合，引导各级党组织增强安全意识、强化安全管理、促进安全发展，切实守住安全生产"生命线"。

实践策略

① 各级党组织将学习习近平总书记关于安全生产重要论述和党的二十大精神纳入安全生产必修课程，抓好安全生产规章制度、行业标准等学习，领悟"两个至上"精神实质，深刻认识安全生产的极端重要性。

强政治
深化安全理念学习

② 以主题党日活动、安全日活动为载体，发挥党员骨干传帮带作用，向身边员工交流安全理念学习经验。

强部署
发挥党组织领导作用

充分发挥党建在公司安全生产中的引领保障作用，实施"党建＋安全"工程，推动党建与安全文化建设深度融合，引导各级党组织增强安全意识、强化安全管理、促进安全发展，切实守住安全生产"生命线"。

❶ 在安全生产的关键位置、重要场所设置党员责任区、党员示范岗，积极开展"无违章班组"创建、"党员身边无违章"活动，引导党员带头开展安全管理创新和技术攻关活动，将优秀党员纳入安全生产巡查和督查队伍，推动党员积极创先争优。

❷ 推动"安全导师"工作模式，开展结对帮扶，选择优秀党员担任"安全导师"，重点针对曾出现严重违章和重复性违章的员工、转岗从事生产工作的员工、新入职的员工进行安全思想教育和安全生产规范指导。

强表率
推动党员创先争优

03
第三篇
安全文化实践案例

国网辽阳供电公司以党建推动安全文化建设

　　国网辽阳供电公司不断优化"党建＋安全"工作组织建设、队伍建设、载体建设，全方位开展"党员作表率，身边无违章"活动，"红色"引领安全生产理念有效落实，助推安全文化建设工作深度推进。党委会专题研究并下发活动方案，将安全生产纳入党组织履责清单和党委、总支委员对基层党支部的包保责任清单，推动"党政同责、一岗双责"要求有效落地。建立反违章互助机制，组织582名党员和714名群众结成安全"对子"，签订"无违章"承诺书1296份；编印"党建引领反违章"《管理手册》《工作手册》和《谈心谈话记录簿》，建立党员与结对群众作业前共同分析研判安全风险，作业中结对监护，事后复盘总结机制，党员与"结对"群众定期开展谈心谈话，互提改进意见，建立"党员安全业绩银行"，用安全积分评价党员作用发挥，编制《党员无违章工作任务布置卡》，党员带头强化安全措施落实。创新开展五星级党员评选，制定实施细则35个，将党员违章情况纳入评选标准，促进党员在安全生产中当先锋、做表率，营造安全生产浓厚氛围，有效引导保障员工安全责任履责落实。

国网本溪供电公司通过开展党小组"党建促生产、促安全"活动，以党建工作引领安全生产，每周由当值"安全先锋"带队深入现场开展安全督查、曝光问题隐患，实现"党建"和"安全"工作同频共振。分层分类开展安全生产"片长"责任制，党员干部重点对配网一线生产工作进行监督检查，对检查的安全隐患，督导制定整改措施，确保"党建＋安全生产"取得实效。将党员队伍和安全员队伍有机融合，会同各班组设置并培训"党员安全人"，协助班长加强安全质量监督与管理，在现场安全生产中当先锋、打头阵，确保作业现场安全有序进行。由党员带头成立攻关小组，针对疑难问题，主动对接设备厂家，规避安全隐患，做到当日问题当日解决，确保"安全每一天"。开展党建微讲堂、微讨论、微总结"三微"安全教育，结合"党建＋安全生产"，开展安全创意"金点子"征集活动，通过集思广益，有效防范各类安全事故的发生。

国网本溪供电公司全力推进"党建+安全生产"攻坚工程

国网葫芦岛供电公司以党建引领安全文化建设

国网葫芦岛供电公司将党的建设与安全文化建设二者合一，以党建主题教育专题党课为指导思想，以弘扬"葫电铁军精神"为使命，实现安全文化建设在现场落地生根。积极拓展"党建+安全"教育新模式，将安全主题教育专题党课搬到作业现场，结合现场作业实际情况，身临其境做到"以学铸魂、以学增智、以学正风、以学促干"。以党员"亮旗帜、亮身份、亮技术"等举措营造安全文化建设氛围感，发挥党员先锋模范作用，做到党员身边无违章，落实安全文化建设。通过强化党建引领、打造战斗堡垒、发挥示范带头作用，推动党的政治优势、组织优势和群众工作优势转化为安全文化建设优势，把党的力量和主张传递到"神经末梢""最后一公里"，为提升基层安全文化建设提供坚强组织保证。

辽能监理公司以党的建设为引领，融合安全课堂和安全实训，开展"党建＋安全宣讲"的"组合拳"。辽能监理公司组织省内专家成立"党员宣讲团"，深入开展了以理论学习和现场实训相结合的安全知识宣讲，切实提升一线监理人员业务水平。首次采用线上、线下相结合的方式，将课堂同步直播，让奋战在工程现场的监理人同样能亲临实况提升安全知识水平。公司还做好课堂视频资料的收集存档工作，为后期建立"安全培训数字化资料库"提供了有力支撑，解决了由监理行业社会化用工人员流动性较大、新入职员工安全意识不强、安全培训不系统等带来诸多问题。辽能监理公司充分发挥党建对安全生产的引领保障作用，提高了监理人员的安全意识，切实做到了从"要我安全"到"我要安全"的转变。

辽宁电力能源发展集团监理公司开展"党建＋安全宣讲"

国网辽宁建设分公司深入推进"党建+安全"工程

国网辽宁建设公司坚持党建引领，围绕安全生产，深入推进"党建＋安全"工程，积极发挥党建引领作用、党支部战斗堡垒作用和党员先锋模范作用，促进党建工作与安全生产深度融合、相融并进。公司在500kV输变电在建工程临时党支部开展"党员身份亮出来，先锋形象树起来"主题活动，在建工程现场组织签订"安全承诺书"，着重加强党员安全责任制落实及作用发挥情况检查，了解承诺践诺情况，层层传导压力，扣紧责任链条。常态化开展"党员身边无违章"专项行动，切实发挥"一名党员就是一面旗帜"的表率作用，影响和带动身边同事提高安全防范能力。形成以党员骨干为主体的"安全岗"，督促作业人员严格遵守各项安全规程，强化管理人员到岗到位、强化监督检查。在重大项目建设工作中，在急难险重任务中，做到有党员技术骨干现场把关、认真履责，以"零违章"确保"零事故"，促进安全生产长周期运行。充分发挥党员安全引领力、安全贯彻力、安全保障力，推动安全生产水平稳步提升，为电网安全运行保驾护航。

安全文化精神引领

充分发挥优秀精神文化在安全生产中的价值观导向作用，以精神文化为源流塑造特色安全文化、树立安全价值观和行为准则，使安全文化成为员工内在驱动力和安全责任感，营造安全文化氛围。

实践策略

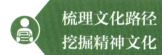
**梳理文化路径
挖掘精神文化**

❶ 各级党组织将学习习近平总书记关于安全生产的重要论述和党的二十大精神纳入安全生产必修课程，抓好安全生产规章制度、向行业标准等学习，领悟"两个至上"精神实质，深刻认识安全生产的极端重要性。

❷ 以主题党日活动、安全日活动为载体，发挥骨干党员传帮带作用，向身边员工交流安全理念学习经验。

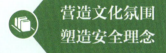
**营造文化氛围
塑造安全理念**

❶ 制作海报、宣传册、展板、文化墙等宣传材料，以图像、文字、图表等形式展示精神文化、安全理念、安全规章制度等内容，营造安全文化氛围。

❷ 拓展沉浸式、情景式、模拟式培训、参观安全文化载体，开展精神文化专题安全活动，把握精神文化和安全文化教育培训脉络，塑造安全理念。

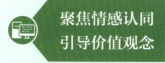
**聚焦情感认同
引导价值观念**

发挥新媒体传播优势，创作多媒体精神文化作品，并以此为抓手把精神文化的情感认同向基层、向一线延伸，确立将安全视为极端重要价值观的安全导向，引导员工树立"安全第一"的价值观念。

国网抚顺供电公司将雷锋精神与安全文化深度融合

　　国网抚顺供电公司坚持用雷锋精神带队伍、强企业、助振兴，以雷锋精神为指引。从 2006 年开始，开展"雷锋工程"建设，以雷锋工程中的"一片情"安全主题实践与安全文化结合，将雷锋关心他人、关爱集体、关注社会的浓厚人文情怀融入安全生产全过程，打造"平安抚电"安全文化品牌。通过企业安全文化建设，铸造企业安全管理的灵魂，使员工形成强烈的认同感、使命感和持久的驱动力，引导员工为企业安全生产和社会和谐发展而努力，潜移默化促使员工从"要我安全"到"我要安全"进行转变。公司连续十四年被评为省级"安全文化建设示范企业"。公司坚持用安全文化筑牢安全生产基础，通过录制"秒懂"视频、"抚电微课堂"活动，助推安全生产知识技能有效传播。通过开展导师带徒、结对帮扶，"双培养"工作，形成安全文化与安全管理共同发展，党的建设和安全生产深度融合的良好局面。

国网丹东供电公司始终将"不怕牺牲、攻坚克难、忠于职守、甘于奉献"的"义东精神"作为安全文化建设的精神源流，大力弘扬"严细实、清政廉"的安全文化作风，将安全文化建设做实做细。以最"严"标准，坚决落实安全责任。将安全文化建设嵌入全员安全责任清单，达到明晰责任、规范标准的目的。以最"细"举措，形成文化建设合力。组织编制公司年度"党建＋安全"工程建设方案，充分发挥党建引领、文化宣传、激励举措在安全生产各层级、阶段的重要作用。以最"实"作风，夯实安全文化根基。通过增设班组安全员、开展供电所安全管理调研等举措，大力培养安全素养，提升业务能力。不断筑牢廉洁"思想关"，恪守管理"清正廉"，推动安全文化建设形成良好氛围，并获评省公司 2022 年度"党建＋安全生产"样板工程示范单位。

国网丹东供电公司铭记"义东精神"，书写光明答卷

国网辽宁送变电公司践行"铁军精神"筑牢安全防线

　　国网辽宁送变电公司始终以"铁军精神"作为引领，围绕公司安全发展规划和安全生产实际，以"安全第一"、"人人尽责"等十个核心安全理念为主要内容，积累沉淀出公司的安全文化。"铁军精神"始终敢于动真碰硬，在原则问题上寸步不让，铁面无私、秉公办事。面对现场安全管理的新任务、新形势，构建新思路、新策略，本着立足一线、服务一线的管理理念，营造良好安全文化氛围。辽宁送变电公司以"铁军精神"构建一线员工安全文化信念支撑，选树典型"铁军"人物和事例，公司愿景与员工行为达成高度一致，以"铁的作风，铁的纪律，铁的执行，铁的担当"筑牢安全防线，以"铁军精神"引领企业安全管理水平的提升。

国网鞍山供电公司的"带电精神"是忠诚担当、精益求精、创新实干、敢为人先。强调团结协作、专注品质、努力超越、追求卓越；不断开拓进取、追求突破，敢开先河，无所畏惧的责任担当精神。以"带电精神"为核心打造鞍电特色安全文化，在"带电精神"引领下公司开展安全生产第一课、入党第一课、提职第一课等活动，通过宣讲和参观中国带电作业展览馆，让员工们重温我国带电作业的发展历程，鼓舞大家注重安全，勇于创新。同时，面向鞍山市企业协会组织的家长和小学生以及部分重点高校的大学生讲解带电作业的起源和中国带电作业史，广泛宣传公司安全文化。通过"带电精神"宣传活动，进一步推动"带电精神"与公司安全文化的深度融合，促进员工的安全意识和行为规范，为公司的可持续发展提供坚实的保障。

国网鞍山供电公司以"带电精神"打造特色安全文化

安全文化精神引领

在公司安全生产中发挥引领保障作用，实施"党建＋安全"工程，推动党建与安全文化建设深度融合，引导各级党组织增强安全意识、强化安全管理、促进安全发展、切实守住安全生产"生命线"。

实践策略

安全文化品牌打造

系统构建安全文化品牌。聚焦核心安全理念，达成安全文化价值共识，提炼安全愿景、安全使命、安全目标、安全方针。结合各单位实际，系统构建有特色的安全文化品牌，深化安全文化渗透力，强化安全履责执行力，提升安全文化影响力。

安全文化品牌宣传

积极宣传安全文化品牌。制作安全文化宣传片，传播安全文化价值理念。对内通过网站、报纸等宣传报道安全文化优秀成果，对外通过传统媒体和新媒体平台传播安全文化品牌，推动安全文化广泛传播。

安全文化品牌建设

推广安全文化品牌建设典型做法。积极开展安全文化品牌建设示范单位创建活动，认真学习、推广安全文化品牌建设单位的好经验好做法，不断巩固安全文化品牌建设成果。

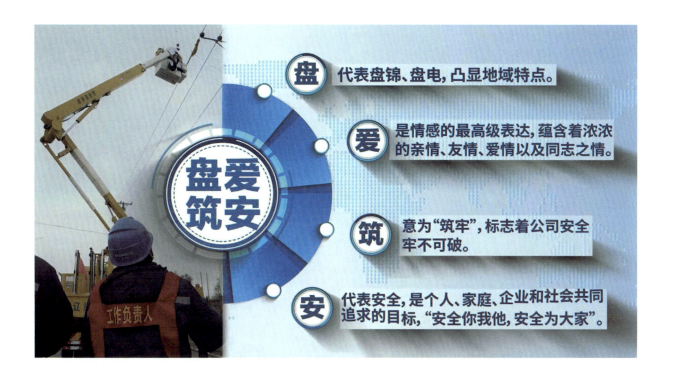

盘　代表盘锦、盘电,凸显地域特点。

爱　是情感的最高级表达,蕴含着浓浓的亲情、友情、爱情以及同志之情。

筑　意为"筑牢",标志着公司安全牢不可破。

安　代表安全,是个人、家庭、企业和社会共同追求的目标,"安全你我他,安全为大家"。

国网盘锦供电公司将安全文化建设作为凝聚安全生产的精神纽带和推动高质量发展的重要保障,推动安全文化建设和安全生产工作深度融合发展。聚焦亲情、友情、爱情,凝练"盘爱筑安"（以盘电特色"情感文化、爱的文化",以全体干部职工的家人、朋友、领导、同事真挚的爱化为对安全殷切期盼,构筑起安全防线）安全文化特色品牌。

盘锦公司结合实际制定《公司安全文化品牌建设方案》,并紧紧围绕七个实施重点,组织开展安全文化系列活动,将安全生产理念和安全价值观融入日常。创新开设移动"电"餐式安全宣教室和警示教育大篷车,培养职工从"要我安全"向"我要安全"转变。邀请职工家属代表走进公司,实地了解公司工作环境、工作理念、安全愿景。开展"家"文化系列团体竞赛活动和"'一封家书'嘱安全"活动,叮嘱职工牢牢守住安全生命线,进一步强化安全意识、筑牢安全防线、提升安全水平,引领公司上下营造"我要安全、人人安全、公司安全"的安全文化氛围。

国网盘锦供电公司强化"盘爱筑安"安全文化品牌引领

国网辽阳供电公司开展"零点"安全文化建设宣传与推广活动

国网辽阳供电公司开展"零点"安全文化建设宣传与推广系列活动，将"安全生产永远零起点"的理念借助各类媒体平台的影响力，通过多样化的形式、轻松的环境，潜移默化地植入员工内心，培育员工正确的安全生产价值观。将"十不干"、"十零"安全目标、安全生产事故警示板等现场注意事项制作成办公、作业场所安全宣传板，让员工明"底线"、知"敬畏"；开展"零点—安心·全意"明信片"寄安全"活动，让生产作业一线员工感受到"大家""小家"中的"亲情"关爱，使全体员工明确"安全是责任，更是亲情"的理念；制作《生命没有下一次，唯有安全每一次》、《反违新视角》、《一封安全家书》等视频文创作品，积极传播"零点"安全生产理念；打造安全文化长廊，丰富的内容和生动活泼的形式，成为员工们"零点"安全文化建设成果的"打卡"地，助力安全生产理念有效传播。

国网锦州供电公司持续推进"安全，有你才有家！"安全文化品牌建设，成立安全文化建设领导小组办公室，确立以思想教育、文化熏染、人文关怀、岗位练兵、党建引领和科技兴安这6方面具体实施途径，围绕年度安全生产重点工作，塑建切实可行的18项专题活动，开展三级"安全大反思"35次，查找制约公司安全工作上台阶、提质效等问题112条。锦州公司深耕多元化安全文化建设模式，依托微信朋友圈发布"每日话安全"、制作重点作业标准指导卡、安全生产名词解释口袋书、严重违章条款手册等方式带动全体员工筑牢安全意识防线。邀请部分员工家属开展"一封安全家书""电嫂探班""安全生产吹哨人""安全时间胶囊"等特色动员活动，让"安全，有你才有家！"的核心理念从工作贯穿至家庭，形成企业、家庭、职工共保安全的强大合力，全方位打赢安全文化建设的"辽沈战役"。

国网锦州供电公司推进"安全，有你才有家！"安全文化品牌建设

国网营口供电公司打造"亲情助安"安全文化品牌建设

国网营口供电公司打造"亲情助安"安全文化品牌建设，在强化安全生产硬约束的同时，注重从软文化上挖潜力，让亲情文化融入安全生产和服务社会的全过程，彰显营口公司"舒心，暖心，凝心"的企业安全文化建设目标。营口公司精心设计安全文化实践载体，开展了"我要安全"系列之"报母恩、共促进、同传承、齐动员"以及"安全生产万里行""幸福一家人"等活动，把"一人安全系全家、全家幸福系一人"的安全文化理念印到员工和家属的心里。

亲情助安
— QINQINGZHUAN —

标志释义：
图案设计构思以心形，握手，电力标识等元素一笔构成，握手的元素寓意值得信赖，品质保证，安全守护，电力标识巧妙地融合其中，突出行业特点，电力安全守护的概念；外形由心形元素构成，体现出有爱，有家，亲情保护的寓意；字体设计处理，"亲"字中的笔画设计成微笑，凸显亲和力；色调由深绿色搭配，沉着，环保，简约，大气。

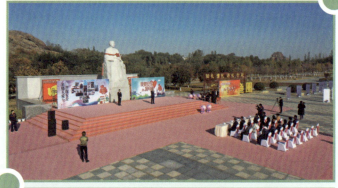

让家属的声音进入秋检作业现场

感受到家人的关怀和期待

　　建立"安监e家"系统，营造家属陪同叮咛的亲切氛围，安全交底时一条条饱含着家属声音的安全措施，既是提醒又是关爱，提高了员工安全意识和安全生产工作的责任感、使命感，增强遵章守纪的自觉性，使"亲情助安"成为营口公司特有的、被全体职工内心所认同的安全文化品牌。

国网朝阳供电公司打造"安全·朝阳行"安全文化品牌

国网朝阳供电公司自 2011 年开始探索企业安全文化建设,先后被评为全省、全国安全文化建设示范企业。创建"安全·朝阳行"安全文化品牌,提炼以"尽责实干,人网共安"为核心的七大安全理念。以"安全""主动""传承"为支撑点,着力构建"大安全"格局,明确 10 项工作内涵释义。修编《安全文化建设方案》,充实具有朝阳公司特色的安全价值体系,明确 3 个阶段、6 个方面、35 项任务。

将安全文化建设定为"一把手工程"，领导班子率先垂范，持续深入推进安全文化建设。深化"党建＋安全"，创新党建载体，落实"管业务必须管安全文化建设"，将安全文化建设融入各专业重点工作，实现党建、专业与安全生产工作相互融合、多维提升。试点建设全省第一家地市公司级安全文化展厅，建成体感式VR警示教育基地、流动安全警示教育室、安全主题公园、特色班组安全文化墙等实践载体，推动安全文化落地生根成效。以"135"（一系列宣传，三个团体共建，五区域进入）为框架，积极拓展安全文化宣传渠道，使安全文化真正入眼、入耳、入脑、入心。

强化领导人员率先垂范

领导人员是安全生产的"关键少数"，在安全生产工作中发挥"头雁作用"，带头学、带头讲、带头做、带头抓，一级做给一级看，一级跟着一级干，带领广大员工实现公司长治久安。

实践策略

领导干部带头学

❶ 带头学习习近平总书记关于安全生产的重要论述，持续深化对安全生产工作的极端重要性的认识，不断增强抓好安全的政治自觉、思想自觉和行动自觉。

❷ 始终保持本领恐慌，不断增强学习新知识、掌握新本领的自觉性和紧迫性，带头学习新要求、新知识，加快知识更新、知识结构优化，把握主动、赢得先机。

领导干部带头讲

❶ 把安全生产会作为开年第一会，围绕安全生产形势任务和重点工作，坚持开年讲安全、全年抓安全，夯实安全文化思想基础。

❷ 及时传达上级安全工作部署及会议精神，推动法律法规和规章制度在基层落地落实。

❸ 结合安全生产重点、难点和薄弱点，开展"一把手"讲安全课活动，提升全员安全意识和能力。

领导干部带头做

❶ 滚动修订各级领导班子成员"两个清单",厘清安全职责,明晰重点工作。将各级领导班子成员"两个清单"落实情况作为安全生产巡查、督查的重点。

❷ 制定领导干部安全履责管理制度,公示领导干部安全履责情况,强化安全责任意识,提高安全管理能力。

❸ 关心、关爱一线员工,确保对一线人员的安全投入足额到位。

领导干部带头抓

❶ 加强调查研究,通过下基层、下现场,全面掌握安全生产实情,及时解决一线安全生产难点、堵点和痛点,提升管控质效。

❷ 加大"四不两直"督察力度,实地了解基层、现场安全情况,分析工作中存在的问题,研究制订措施,防范安全生产风险。

❸ 发挥联系点作用,领导班子成员定期参加基层安全日活动,倾听一线人员安全诉求,了解工作现状,指导提升班组安全水平。

国网辽宁省电力有限公司 "开年第一会"议安全

国网辽宁省电力有限公司召开安全生产电视电话会暨2023年安委会第一次会议作为"开年第一会",认真学习贯彻国家电网公司安委会第一次会议精神和张智刚总经理讲话要求,提前谋划全年安全生产工作,围绕安全生产态势强调部署公司安全生产工作20项工作重点任务。公司领导以上率下,从"政治高度、责任实度、管理细度、监督强度、文化深度"五个方面完善安全生产体系,压紧压实安全责任,夯实安全基础,实现"七杜绝、两确保"安全目标。公司领导干部坚持带头"冲在前、干在先",通过带头学、带头讲、带头抓、带头做,以"关键少数"带动"绝大多数",发挥安全生产工作中的"头雁作用"。公司始终将安全生产作为最根本、最基础、最首要的工作,开年讲安全,全年抓安全,为实现公司战略目标提供坚强稳定的安全保证。

国网沈阳供电公司聚焦安全文化建设具体实践，将厚植安全文化理念作为安全文化建设的核心工作，持续压紧安全责任。以党委会"第一议题"形式，学习习近平总书记关于安全生产的重要论述和重要指示精神，各级领导班子带头讲安全课61次，开展"4·9""5·18""8·14""9·3""9·4""9·14""11·3"等专题安全日、安全警示教育学习，持续强化各级人员安全意识。落实"党政同责、一岗双责"，细化领导班子成员"两单一表"，滚动修订岗位责任清单2142个，结合组织机构及职责调整开展二次修编，注重内容全面、逐级承接，避免责任盲区、管理脱节。深化领导督导、分片包干制度。2023年，市、县两级领导干部累计督导调研2866次，督办整改监管不清、职责不明、留档不全等问题。扎实开展安全巡查"回头看"，查摆问题118项，强化履责监督、督导责任落地。

国网大连供电公司压实领导干部率先垂范安全责任

国网大连供电公司压实领导干部率先垂范安全责任，通过党委理论学习中心组、读书班、专题会议等形式带头学习习近平总书记关于安全生产的重要论述，树牢"人民至上、生命至上"安全理念，不断增强抓安全的政治自觉、思想自觉和行动自觉。围绕安全生产形势任务和重点工作，利用安委会专题会议、周例会及时传达上级工作要求，细化落实工作举措。开展"一把手"讲安全课、安全述职等活动，提升各级人员自主学习动力。滚动修订领导班子成员"两个清单"，组织部署"大学习、大讨论"活动。各级领导干部下沉基层督导调研，深入作业现场监督检查，建立严重违章分级约谈机制，提升各级安全管理水平。

国网丹东供电公司领导严格履职，深入现场讲安全、抓安全、督安全，带头积极主动树立"主动作为抓安全"的工作理念，细化制定安全文化建设规划，从精神层面、制度层面、实践层面三个方面推动安全文化建设落地。在精神层面坚持政治引领，强化安全理念。通过公司党委会、安委会、安全网会、班组安全活动等各层级组织学习贯彻网省公司安全文化建设工作要求。在制度层面修编制度文件，提升安全素养。积极推进安全文化建设与安全管理体系建设深度融合，以体系建设制度梳理为抓手，组织各部门、单位动态修编体系文件，实现各级机构有章可循。在实践层面宣传培训并举，营造安全氛围。扎实开展"安全生产月"系列宣传、电力安全工器具"展板微课堂"、"微党课"、"微安课"等活动，推动公司安全文化形成广泛共识。

国网丹东供电公司以"关键少数"履责带动"三管三必须"落实

国网朝阳供电公司领导班子带头履责推进安全文化建设

国网朝阳供电公司领导班子突出安全生产政治属性，积极履职担当，踏石留印落实安全责任。以"两个清单"、"一岗双责"硬约束压实主要负责人第一责任，分管领导在本单位和专业领域承接落地。

以"服务基层解决疑难点问题清单"主动做的方式，结合"下基层、下现场，察实情、出实招"活动，明确年度个人解决基层安全问题若干任务，推动安全生产难点、痛点问题整改。领导干部深入基层班组参加专项活动，讲安全课，检查督导事故隐患专项行动工作开展情况，以分片包干的形式参加专业班组综合大巡视，查找缺陷隐患。将安全文化建设定为"一把手工程"，设机构、组队伍、定政策、立程序、明标准，把安全文化建设与公司生产经营同研究、同部署，同落实。公司每年投入100余万元用于安全文化建设工作，带头履行安全承诺，全力推进安全文化落地实践。

推动基层安全文化建设

分析总结各基层单位各专业的规律特征、风险倾向，形成各基层单位的专业安全文化，通过安全文化融入基层、融入现场，推动基层安全文化建设。

实践策略

推动安全文化融入基层专业管理

❶ 全面梳理各专业在生产作业中长期秉持、广泛认可的安全生产工作做法、典型经验，以及各专业工作实际中突出的安全风险或易被忽视的安全细节，提炼各专业安全文化。

❷ 从各专业安全文化中凝练出安全文化口诀、安全警句、安全红线、现场典型风险防范做法等工作要领，便于广大员工领会掌握、熟知熟记。

❶ 安全管理可视化。将安全管理制度、作业标准、现场作业风险点以看板、公示牌、指导卡、流程图等方式进行展示。

❷ 完善基层安全管理机制。将各基层单位的专业安全文化融入基层各项安全工作中，建立健全安全生产责任制、安全监督检查制度、安全奖惩制度等安全管理机制，使安全管理制度获得广泛认可。

推动安全文化融入基层安全管理

推动安全文化融入基层现场管理

将提炼出的专业安全文化要领融入现场作业流程，纳入现场危险点辨识、现场安全交底、现场风险管控、隐患排查治理等环节，固化形成员工"按制度执行、按标准作业"的工作习惯。

国网锦州太和供电分公司凝练出 24 字"安全恒言":"管好自己,生命不能交给别人;看住现场,放纵违章就是害命",压实安全责任。"安全恒言"以"全员反违章"为命题,旨在形成"人人讲安全,公司保安全,层层无违章"的浓厚安全生产氛围。分公司将"安全恒言"制成桌牌、广告牌布置在办公场所各处,强化视觉植入,注重意识养成,从意识形态上打造特色化的安全文化阵地。分公司组织开展"安全恒言"进班所、恒言大讨论等活动,让各级员工结合自身安全职责对恒言进行深入领会和解析,在潜移默化中形成"我的岗位我负责、我的工作请放心"的全局意识。如今,"安全恒言"已成为锦州太和分公司全体干部员工屏蔽违章、保障安全的行动指南,分公司各类作业现场出现的违章数量大幅下降,形成各班所积极争当"无违章班组"的良好安全文化氛围。

国网锦州太和供电分公司推出"安全恒言"压实安全责任

国网辽阳县供电公司以层级引领压实基层单位安全责任

国网辽阳县供电公司严格落实"党政同责、一岗双责"，以层级引领，将"三管三必须"与安全文化结合。领导干部及管理人员对照"两个清单"、"岗位安全责任清单"每月至少4次深入班组、现场督导，使各类违章得到及时查纠、安全生产问题得到及时解决。同时，有效发挥"四个一"作用，实行"3+"安全管控模式，通过管理部门、反违章督查队、属地供电所三级人员及领导班子到岗到位，保证安全责任落实到位。通过每次作业前组织相关单位及人员开展"反违章桌面推演"，对作业过程中易发生的违章行为、事件等风险提前预控，使全年违章同比压降26.5%。通过"安全管理星级评比"月检查、季评比、年度综合评比，并建立奖惩机制，不断夯实基层、基础、基本功。积极营造人人讲安全、事事为安全、时时想安全、处处为安全的安全文化氛围。

国网本溪供电公司二次检修工区组织团员青年重点围绕安全案例开展了系统学习，深刻汲取人身事故、恶性误操作事件的教训，提高员工安全防范能力，举一反三，结合自身工作内容，反思本岗位存在的风险隐患，严格落实治理管控措施，坚决消除事故隐患。同步对班组青年工作完成情况进行详细总结，分析当前安全生产形势以及工作中存在的不足，梳理春检作业危险点，编制安全检查计划，深入查摆安全风险管控、隐患排查治理、"四个管住"落实等方面的薄弱环节和存在问题，针对性制定切实可行措施，以实际行动保障安全生产平稳局面。组织开展班组"人人讲安全 安全在我心"宣讲活动，结合实际安全事故案例与法律法规，组织全员进行安全学习，定期组织员工集中讨论，通过对《中华人民共和国安全生产法释义》等图书进行全方位、深层次解读，切实增强全员安全意识。

国网本溪供电公司二次检修工区开展团员青年安全生产系列学习活动

朝阳正达电力建设公司增强全员责任感共筑安全防火墙

朝阳正达电力建设有限责任公司为解决"会干不想干、想干不会干"实际问题，强化"要我安全"，强调"我要安全"意识，通过开展"三级宣誓、艺术宣传、家企共建、单兵系统"等一系列举措，压实各岗位安全责任，强化企业安全文化建设。定期组织三级安全生产宣誓活动，使项目经理、现场管理人员主动遵守自己的承诺和誓言，守牢安全红线，切实提高责任感和主动安全意识。组织职工家属参观公司企业文化展厅、施工作业现场，使职工家属了解电力员工的工作性质、环境和艰辛情况，增强职工及家属对公司的认同感、责任感、自豪感。成立文件宣传工作小组，结合中国传统说唱艺术"快板"，对《"十五条"重要举措》和《强化安全责任落实38项措施》录制宣传视频。在施工现场入口处装设语音识别签到系统，针对每个岗位每天的安全风险点进行录入，施工人员刷脸后，施工人员需对风险点进行学习、考试，合格后轧机开启方能进入施工现场。提升省管产业安全生产的主动性和责任意识，筑牢安全生产防线。

国网鞍山供电公司带电作业中心推动创新促安全，充分依托劳模创新工作室平台资源，鼓励全员创新，将作业现场的痛点、难点带到工作室，将研发的成果应用于作业现场，以创新思维解决现场安全隐患，以创新工具规避现场危险点。研制绝缘挡板、一种可快速锁紧的绝缘持线杆等安全工器具。开发配电线路带电作业状态识别技术实现对带电作业现场环境、设备状态和人员体征全方位实时监控，夯实作业现场人身安全基础保障，提升安全管控与现场监护质效，将创新工作与安全责任有机融合，创新驱动用在现场落在实处。

规范一线员工安全行为

突出班组在公司安全发展中的基础地位，将班组打造为安全文化建设的"主阵地"，着力提升一线员工安全意识，培养一线员工行为自觉，规范一线员工的安全行为，营造浓厚的班组安全氛围。

实践策略

强化班组安全意识

❶ 坚持开展班组安全日、安全大讲堂、安全大家谈、安全文化大讨论等活动，解读规章制度，反思安全事故，剖析典型违章，辨识安全风险，交流安全工作经验。

❷ 规范作业现场班前会，班组长或工作负责人组织班组成员主动识别安全风险，制订落实防控措施，并通过"手指口述"方式强化记忆。

规范安全工作行为

❶ 提升班组作业安全管控能力，结合实际制定各专业作业风险控制卡，一线员工通过"两票一卡"（工作票、操作票、风险控制卡），标准化开展现场作业，保障现场安全可控、能控、在控。

❷ 强化班组隐患排查治理，组织开展日常排查、专项排查和事故类比排查，建立"一患一卡"，实行隐患定期通报、公示，落实全流程闭环整治要求。

营造班组安全氛围

❶ 激发班组安全工作活力，发动一线员工围绕安全生产工作建言献策；成立班组管理创新小组，针对工作中的问题、困难开展技术攻关和管理创新。

❷ 开展"亲情助安"活动，组织一线员工家属参观作业现场，采取多种形式共同学习事故与违章案例。邀请家属参与座谈，家属谈亲情、话安全，员工强责任、讲担当。

国网盘锦供电公司输电检修班以公司"盘爱筑安"安全文化品牌建设为引领，将安全文化建设作为凝聚力量精神纽带，夯实安全生产基础，提高运检质效。"一封家书"活动是输电检修班传统节目，班员许铭芳母亲以文字书信的形式向女儿表达"努力工作、平安回家"的殷切期盼，以爱的呼唤传递安全嘱托，唤起安全责任感。输电检修班开展以"爱"为引的安全文化建设新形式，通过"反违章知识竞赛"等"家"文化系列团体竞赛活动加强职工间情感交流，促进沟通，增强信任，提升职工队伍凝聚力，激发班组安全工作活力，营造班组安全氛围，牢固树立"我要安全、人人安全、公司安全"的理念，为输电运维检修工作安全助力、保驾护航。

国网盘锦供电公司输电检修班开展"一封家书"活动

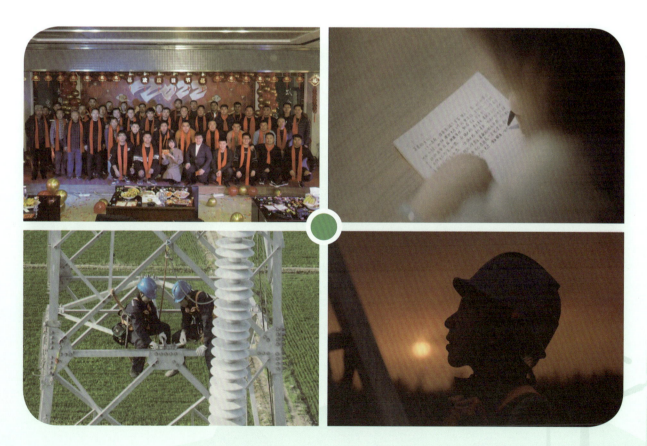

锦州供电公司输电运检十班开展"四个建设"规范一线员工安全行为

　　班组安全是安全管理的最小单元，也是安全生产的第一道防线，加强班组安全建设尤为重要。锦州公司输电运检十班开展班组安全管理"四个建设"，多维度规范一线员工安全行为。深耕"党建＋安全"建设，推进"无违章班组"、"党员身边无违章"活动，引导党员同志亮身份、做表率，以点带面提升班组安全意识。加强班组精神文化建设，通过员工自编自导反违章宣教安全警示片、"围炉讨论"等活动，解决职工安全诉求、技能诉求、发展诉求。健全班组安全管理制度建设，修编安全生产责任清单、安全生产奖惩考核制度，实现安全管理制度化、规范化、责任化。强化人本文化建设，结合"青安岗""师带徒"开展全员安全"一讲一评议"活动，培养员工安全行为自觉，激发班组安全工作活力。

国网辽阳供电公司为推动安全管理阵地由事中管控、事后处置向事前预防转移，创新推出反违章桌面推演工作机制。推演以规范一线作业人员现场行为为目标，确立"全推演"、"半推演"、"小推演"三大类型、"作业现场勘察、作业计划管控、作业单元管控、作业流程管控、作业现场管控、安全措施落实、事故工况管控、防灾避险管控"八大环节。模拟并分析作业现场环境、作业计划合理性、作业人员资质、安全工器具和施工机具等各方面要素，使作业人员提前熟悉作业流程，明确预控措施，提升作业人员自我保护和风险辨识能力，达到避免违章、杜绝事故的目的。推演工作自开展以来，不断吸收各层级反馈意见，收集典型经验，拍摄优秀演练案例，实现了违章发生率再压降的良好效果，使全体一线作业人员自觉规范自身行为，并在2023年《国家电网工作动态》第3262期、国网公司《反违章通报》第94期、《辽电信息》第623期等，作为亮点工作进行了典型经验交流，给予高度肯定。

国网辽阳供电公司反违章新举措规范生产人员安全行为

国网本溪供电公司计量中心开展"安全生产，青年当先"主题活动

国网本溪供电公司计量中心开展"安全生产，青年当先"主题活动，旨在对青年员工进行安全教育，消除工作中的习惯性违章及危险情况，规范青年员工安全行为。活动中，青年员工主动分享各自在班组工作过程中遇到不安全因素以及应急措施，通过分享亲身经历，增进了青年员工对彼此工作习惯的了解，同时增强了青年员工对基层工作的危险认知和经验，进一步提升青年员工的应急处置能力和避险意识。中心开展"师带徒"活动，着重解决青年员工对现场实际问题的分析和解决能力，以技能实操培训为主，理论讲解为辅，老师傅从二次回路展开图、互感器电能表工作原理、安全防护用品的穿戴等方面的技能讲起，同时进行实际操作演示，全面夯实青年员工的专业基础及提升工作技能水平，提高青年员工的综合素质，积极引导青年员工向"一专多能、一岗多艺"的复合型人才转化。

辽宁电力经济开发有限公司结合风力发电运维检修的自身业务特点，广泛收集国内风电企业典型事故案例和运维经验，精挑细选、凝练总结了40大类1193条违章行为，结合反违章管理办法及104条严重违章释义，辅以《国网公司电力安全规程风电场部分》及公司自创的《吊装作业现场安全管控标准化指导书》，制作成300余页，涵盖了公司输电、变电、风机运维、吊装检修等主要作业，便于携带、易于查阅的"口袋书"，发放至一线生产人员。一线员工在生产生活中随身携带"口袋书"，利用碎片时间不断学习、熟练掌握，在作业前"未雨绸缪"，作业时"有章可循"，作业后"举一反三"，在遇到安全生产问题时随时拿出作为典型参考。"口袋书"在2023年4月发放后，公司本年第二、三、四季度违章数量均同比下降，公司安全生产管理水平显著提升。

辽宁电力经济开发有限公司制作"口袋书"规范一线员工安全行为

抓实安全宣教

抓实各单位安全文化宣教传播，结合各单位安全管理实际，组建安全文化宣教团，广泛开展宣教、讲演活动，逐步推动安全文化在广大员工中内化于心、外化于行。

实践策略

开发安全文化宣教资源

以员工喜闻乐见的方式，编制安全文化教材、课件，编排安全文化宣教作品，灵活选取讲座、演讲、快板、诗朗诵、情景剧等形式开展安全文化宣教活动。

组建安全文化宣教团队

吸纳安全管理、安全文化建设等方面骨干力量，成立安全文化宣教团队，进行安全文化专题培训，提升宣教水平。通过宣教团队的示范作用，引导形成"人人讲安全"的浓厚文化氛围。

开发安全文化宣教资源

制定安全文化宣教计划，组织宣教团深入班组、工区、项目部，多方位、多频次开展巡讲巡演，将宣教活动纳入新员工培训"第一课"。持续优化宣教方式和内容，确保宣教活动走深走实。

国网抚顺供电公司将雷锋工程中的"一片情"安全主题实践与安全文化结合，将雷锋关心他人、关爱集体、关注社会的浓厚人文情怀融入安全生产全过程。以《雷锋写给三叔的家书》内容为启迪，开展全员"一封安全家书"活动，通过书信中对家人、朋友的叮咛嘱托，强化生产一线员工的安全红线意识和底线思维，夯实作业现场人身安全管控基础。创新安全文化宣教方式，通过开展征集安全格言警句、制作安全宣传 H5 网页、微视频、抖音等新媒体产品，记录一线员工攻坚克难、干事创业的风采，发挥安全文化正向引领作用，带动员工比有对象、学有标杆、赶有目标。公司坚持以人为本为主导的原则，持续将雷锋精神融入安全生产，通过安全文化长廊、安全家书、安全警示进现场等形式，把安全思想、安全意识真正演绎成可以听得到、看得见、说得通、学得会的文化产品，为公司筑牢安全文化基础，确保公司安全生产长治久安。

国网抚顺供电公司将雷锋精神引入安全文化宣教

国网朝阳供电公司变电运行工区搭建多维平台助力安全宣传教育

国网朝阳供电公司变电运行工区在开展安全文化建设过程中，不断丰富安全管理、培训、宣传工作模式，充分发挥行业优势、协调各方资源，创新实施电力文旅研学项目，宣教电力安全知识，营造浓厚安全文化环境氛围，不断传播安全管理理念。通过为所负责的设备挂牌这一形式色彩较为强烈的活动，搭建职工家庭与企业沟通的桥梁和纽带，构建国网公司家文化，构筑起家企安全的坚固长城。开展班组间结对共建，加强班组间安全文化交流，实现取长补短、优势互补、结对共赢的同时，创造了安全价值增量，实现了价值共创。将龙城 220 千伏变电站作为窗口，创建安全文化主题公园，集中展示传播"大安全"理念、"党建＋安全"生产成果等内容，多次开展安全警示教育，打造全方位安全文化示范基地，为"以文塑行，以文化心"安全文化体系建设提供了有形载体和支撑。

国网辽宁电科院积极探索安全文化建设新方法，拍摄安全文化宣教视频加大安全文化宣教力度。电科院开展安全文化宣教调查，挖掘安全宣教需求和短板，明确安全教育对象，确定安全宣教主题。聘请专业团队指导安全宣教视频脚本的编制，完成视频拍摄并剪辑制作。演员全部选取本单位员工，使员工在拍摄的过程中，矫正以往的安全误区和错误做法。目前电科院已完成宣教视频拍摄 2 期，总时长 8 分 29 秒，涉及主演 4 名、群演 7 名，并计划本年度再完成 3 期拍摄。电科院加强安全宣传力度，广泛传播安全宣教视频。组织各部门、中心、产业单位结合月度安全活动及每周的班组安全活动，观看安全宣传视频，累计宣传培训 400 余人。强化生产一线员工的安全红线意识和底线思维，营造良好的安全文化氛围，使员工由"要我安全"的思想逐步转化为"我要安全"。

国网辽宁电科院拍摄安全文化宣传视频加大安全宣传力度

国网阜新供电公司多维度抓实安全宣教

国网阜新供电公司为树牢各级员工安全红线意识，积极开展多种形式的安全宣教活动。制作"画说安全"卡通片，在班组安全活动和安全培训上播放，直观演示十不干及严重违章定义，规范员工安全行为。在全公司开展安全文化作品创作活动，通过漫画、书法、视频等作品，传播安全生产注意事项，丰富员工安全学习途径。做好特色"安全生产月""消防安全月"等活动，通过安全生产升旗仪式、悬挂条幅挂图、专家授课等形式，营造浓厚的安全宣传氛围。与阜新市总工会联合开展安全技能竞赛，冠军选手获评五一劳动奖章，激发员工学习安全知识的动力。通过广泛开展安全宣教活动，把安全文化带入基层、带进生活，让主动安全意识更加深入人心，安全文化与安全管理不断融合，安全文化引领示范作用不断增强。

国网铁岭供电公司以"电"元素和规矩意识为安全文化建设工作主线，积极开发安全文化宣教资源，将日常实际工作场景与漫画有机结合，设计典型违章漫画。突出将"运输到位"、"外观检查"、"吊车就位"、"固定连接及引线拆除"、"旧设备拆除"、"新设备就位安装"及"引线恢复"七个主要工作流程。"典型违章漫画"以"清新、活泼"为设计思路，让施工作业人员更直观地了解作业的具体步骤，进一步规范作业流程和员工安全行为，持续促进员工树立安全规矩意识和安全风险意识，实现"人人保安全"的工作思路，规避公司安全风险，通过不断强化安全宣传教育和双重预防机制的落实，为保证公司稳定的安全生产局面奠定基础。

国网铁岭供电公司开发"典型违章漫画"深化安全文化宣教

运输到位

外观检查

吊车就位

固定连接及引线拆除

旧设备拆除

新设备就位安装

引线恢复

深化安全活动

深化安全活动开展，强化安全活动管理，丰富安全活动形式，确保安全活动实效，以安全活动为抓手推进安全文化建设，提高员工安全意识，夯实本质安全。

实践策略

强化安全活动管理

建立安全活动开展计划，以各单位安全文化建设为安全活动目标，明确安全活动的预期效果，详细制定活动方案，加强安全活动全过程管理，做好沟通协调，确保活动相关信息能够及时传递给所有参与者。

丰富安全活动形式

积极探索安全活动新形式，结合各单位生产工作实际，以安全文化为内涵，推动安全活动特色化、多样化、形象化。

确保安全活动质效

❶ 建立安全活动事后反馈机制，收集员工反馈意见，完善安全活动策划，改进安全活动管理，确保安全活动质效。

❷ 建立完善的安全活动台账，评估安全活动效果，总结经验教训，为安全活动开展提供参考。

为全面树立安全发展理念，不断增强全员安全意识，打造整体统一、各具特色的安全文化阵地，营造全局安全生产良好氛围，国网沈阳供电公司开展丰富多彩的安全文化活动。以国网沈阳市辽中区供电公司为试点，开展基层安全文化示范点建设，召开"无违章、保人身"安全誓师暨安全文化建设启动仪式，主要负责人带领全体人员在承诺板前宣誓签名，邀请基层班组部分一线生产人员家属代表现场见证，家企共建保平安。结合安全知识学习考试活动，组织开展"人人学安全、人人讲安全、人人会安全"主题安全生产知识竞赛，经初赛 27 支代表队 135 名专业员工同台竞技，6 支参赛代表队闯入决赛，决赛阶段邀请公司各级安全生产第一责任人及分管负责人现场观赛，极大提高了公司安全文化影响力。

国网沈阳供电公司丰富安全活动形式 扩大安全文化影响

国网盘锦供电公司举办"青年说，话安全"系列活动

国网盘锦供电公司变电检修工区举办"青年说，话安全"系列活动推进公司安全文化建设。活动环节设计从生产实际出发，搭建让青年员工学安全、讲安全、悟安全的平台。青年员工们以演讲、PPT汇报、笔记分享等形式展示自己的安全感悟，分享工作中的实际安全经验，用实际案例传递安全理念。同时，工区领导率先垂范参与其中，打破了传统的层级壁垒，用亲身经历讲述真实的安全事故，用每一道疤痕讲述血淋淋的经验教训。通过案例分享让员工深刻认识到工作中可能存在的危险，引发他们对安全问题的高度警觉。建立"事后反馈"机制，及时收集员工建议，不断完善活动策划，推动安全文化融入现场。盘锦公司将持续深化安全活动，增强员工的安全文化参与感，将专业安全文化融入现场作业流程，为安全理念传播搭建坚实桥梁。

国网营口供电公司营造"亲情相伴、安全常在"家文化的安全工作氛围，开展"亲情筑防线·家属嘱安全"征文活动，并将获奖家书编辑成册、图版等进行宣传，发挥关心关爱的企业安全文化示范引领作用。"家书"以亲情为纽带，以安全为主题，将真情实感凝于笔端，在字里行间饱含着对亲人的真切祝福、对平安的无限向往。充分发挥亲情对于安全的重要作用，结合职工岗位特点和日常工作，写体会、讲危害，给职工灌输"安全是责任、是亲情"的理念。依托亲情寄语安全、促进安全，进一步打造公司安全生产发展的新平台，让职工意识到生产安全和个人安全是家庭幸福和谐的有力保障。通过组织开展"寄语安全"家书进班组征集活动，强化职工的"平安、和谐、幸福"意识，努力构建班组安全和谐、团结互助的工作氛围，助推公司安全生产与班组文化建设的全面发展。

国网营口供电公司开展"亲情筑防线·家属嘱安全"征文活动

国网辽宁经研院依托电力安全云上展厅开展安全活动

国网辽宁经研院组织员工在国家能源局中国能源新闻网电力安全云上展厅开设的活动专栏"应急直播间"学习安全应急知识，了解各种紧急情况下的应对方法，强化应急突处能力。并在其分设"安全吹哨人"、"安全微讲堂"、"安全随手拍"三个板块分别进行了安全知识学习活动和有奖知识竞答。活动以安全法规、应急管理、自救互救、紧急避险等内容为重点，通过线上线下答题互动，向员工宣传讲解安全用电、安全生产、消防安全等安全知识。通过互动讨论活动激发员工安全工作活力，鼓励员工为公司安全工作建言献策，促进员工学习应急知识，掌握安全技能，提升安全意识。将安全活动与基层党支部主题教育结合，通过党支部学习，有针对性地学习重要安全通报及文件，时刻绷紧"安全"这根弦，扎实做好各项工作，时刻防患安全事故事件的发生。

国网辽宁实业分公司以落实防火措施、易燃物品管控、消防安全教育 3 个方面为切入点，采取培训、演练、比赛等模式深化安全活动开展，加强员工自救及应急处置能力，全面提升各单位火灾防范能力。实业公司特邀辽宁省应急消防培训中心讲师为职工开展消防安全专题培训，强化生产一线员工安全监督能力与"安全红线"意识。将消防工作与应急处置流程结合起来，组织各单位开展消防技能大赛，提升公司微型消防站处置突发事故的反应能力以及实践作战能力。开展油锅起火演练，巩固员工遇突发事件的应急处置流程，强化事故发生后调查及处置工作、后续舆情控制工作及员工疏导工作。实业公司建立覆盖全员的安全责任制，分阶段、抓重点、循序渐进推动安全管理体系工作的落实，营造"我要安全、人人安全、公司安全"的安全文化氛围，筑牢安全"防火墙"，守牢安全生产底线。

建设物态载体

通过多种形式的安全文化物态载体，将公司安全愿景、安全使命、安全目标、安全方针、安全理念可视化呈现，提高员工对安全文化的理解认同，保障安全文化全面落地。

实践策略

🏠 建设安全文化教育室

各地市级单位建设安全文化教育室，可依托各单位现有的安全教育室进行升级改造，具备安全文化宣教、警示教育、作业风险体验、应急救护实操等功能。

🏛 建设班组安全文化墙

各县（区）级单位建设安全文化墙，实现对班组的"全覆盖"。班组应因地制宜，结合工作实际打造符合专业特色的安全文化墙。

📋 建设现场安全展示板

各站、所建设安全展示板，营造生产现场安全文化环境，结合现场实际展示安全管理制度、作业标准、现场作业风险点等内容。

国网抚顺供电公司创新建设和平雷锋安全文化教育基地，推进公司安全文化建设。教育基地采取文字、图片、音像及 VR 体验等多种表现形式和技术手段打造安全文化展示和学习平台，将"雷锋工程八个一"建设、"平安抚电"安全文化品牌建设可视化呈现，传承雷锋精神，夯实安全基础。教育基地共分为案例展示、体感体验、安全文化、安全认知等 8 个区域，针对变电专业的工作特点，让员工通过看、听、感、做多方面了解电力作业存在的安全风险，认识并体验违章作业所造成的严重后果，通过亲身体验或互动演示的方式达到安全警示、违章教育、事故反思的目的。事故案例展示区通过展示年度安全事故案例，展播案例视频，激发员工怀有敬畏之心，增强安全防范意识，切实起到对公司各级人员安全警示教育作用。

国网抚顺供电公司创新建设和平雷锋安全文化教育基地

国网凌源市供电公司倾力打造安全文化阵地

国网凌源市供电公司安全文化阵地以万元店实训基地为载体，通过建设安全文化室和实操训练场、绘制安全漫画墙，强化安全教育培训，营造安全文化氛围，为公司安全生产提供坚强保障。安全文化室主要以"安全为了谁"、"谁是安全最大受益者"为教育主线，用系统内典型配电事故案例作为教案，让职工切身感受到严格遵守安全生产规章制度的重要性。以"停电、验电、装设地线"为背景雕塑，教育员工要摒弃图省事、怕麻烦的侥幸心理，树牢安全生产工作意识。实操训练场主要用于开展实操培训和技能比武，以实际操作检验评测职工技术水平，不断提升员工安全、规范、标准作业的意识和能力。安全漫画墙主要围绕实训场地围墙绘制安全生产漫画，以漫画形式展示常见的不安全行为和安全小提示等，让职工在接受实训的同时潜移默化地接收到安全生产的信息，用细心呵护职工，让安全深入人心。

国网大连普兰店供电分公司在实践中不断探索安全培训模式变革，通过引入 VR 技术建设电网虚拟仿真安全培训课件，提升培训效果。利用 VR 技术将作业流程、安全措施布置、违章纠错、事故体验融入虚拟仿真系统，对施工人员开展沉浸式培训。

利用供电企业安全教育培训基地，将培训方式从"说教式"向"体验式"转变。该方式不再受场地、时间、天气的限制，可以随时利用数字技术搭建作业场景进行模拟体验，受训人员进入虚拟仿真场景，模拟实际作业，通过融入各类违章作业行为，受训者依据自己的"角色"进行甄别或规避各类风险，完成安全作业；培训通过体感设备给予受训者事故警示和体验，让参训人员体验违章行为、危险因素引发的事故危害，身临其境，代入感强，实现由被动式接受学习转为主动式自主学习，有效促进作业人员熟悉并掌握安全知识和技能。

国网辽宁超高压公司建设安全文化载体营造安全环境

国网辽宁超高压公司根据国网、省公司安全理念，结合公司发展目标，承故鼎新，打造500kV变电站专属安全文化，提炼出"敬畏生命、敬畏职责、敬畏规章"作为辽超安全文化核心内容。公司建设变电站室外静态安全文化展板作为物态载体，营造安全氛围，将安全管理制度、作业标准、安全提示等借助展板呈现，清晰明了，压实安全责任。室内安全展板通过绩效评比、榜样选树、阵地建设、警示教育几个模块，树立典型，宣传安全文化体系，通过颜色区分展板内容，细化功能，突出重点，浸润式传递安全文化理念。在展板整体营造氛围的基础上，重点打造了会议室、食堂、主控室、休息室等几个专属功能室，通过室内标准化的布置改变，影响、规范企业员工的行为，构建人、物、环境和谐发展的安全文化生态环境，营造安全文化氛围。

设备主人制

国网辽宁信通公司持续夯实安全基础，以"求木之长者，必固其根本"为主题，打造"特色安全图书角"，将安全文化传播至最基础、最一线。信通公司充分利用安全知识图书、安全视频、安全宣传册等媒体资源，在部门办公室、员工休息区集中展示。利用图书角这片"小阵地"，让员工在休息的同时，可以翻阅安全知识图书，观看安全警示宣传片，直接面向一线员工宣传普及安全知识，使安全知识"触手可及"。

通过"特色安全图书角"作为安全文化物态载体，营造公司安全文化浓厚氛围，提高员工安全意识和安全素质，增进员工对安全文化的理解认同。

国网辽宁信通公司打造"特色安全图书角"

安全文化建设成果作品展示

国网公司第一届安全文化建设文创作品评选活动一等奖作品

《生命没有下一次 唯有安全每一次》。流动的沙、细美的画，辽阳公司采用了沙画的表演形式，以违章督查为主脉络，梦醒时分为主故事线，展现了日常生产工作中易发生的工作违章行为和安全文化建设在工作现场起到的作用，警醒观影人员"生命没有下一次 唯有安全每一次"。

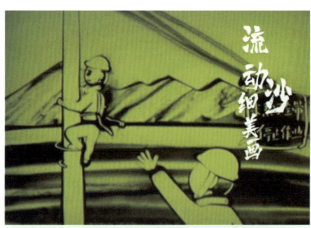

国网公司第一届安全文化建设文创作品评选活动中，共有42家单位465件文创作品参与评选，辽宁公司最终有5件作品获得奖项。

《营销作业"十不干"漫画》。身边的"警"，独创的画，辽阳公司采用独创的漫画版权人物，设计、绘制与"十不干"对应的漫画，活灵活现的展现，现场严重违章的过程及"血"的后果，使员工警钟长鸣。

国网公司第一届安全文化建设文创作品评选活动二等奖作品

国网公司第一届安全文化建设文创作品评选活动三等奖作品

（1）《安全带是生命的延长线》。安全的思，警示的画，沈阳公司结合电网工作实际，利用数字化手段，以"电力安全"为主题，栩栩如生地警示员工"安全带是生命的延长线"，安全生产必须警钟长鸣。

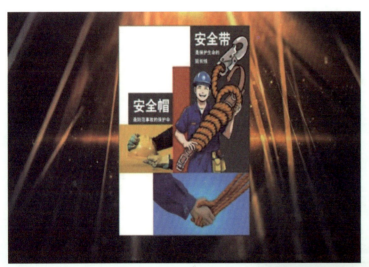

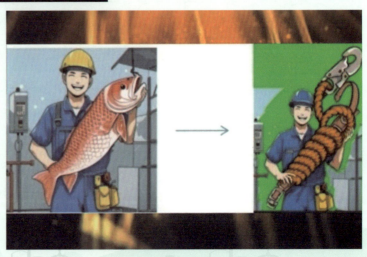

（2）《安全主题花样面点》。美食的意，安全的情，朝阳公司采用新鲜果蔬汁和面，创作了以安全为主题的花式面点，将中国共产党党徽、国家电网公司标识和安全生产方针融为一体，营造了"我要安全，人人安全，公司安全"的安全文化氛围。

（3）《点赞中国电力工人》。烙痕的情，滚烫的画，营口公司采用烙画的方式将朗诵诗词《点赞中国电力工人》雕刻在整个葫芦上，点赞无数中国电力工人们的勤劳和智慧，为国家的电力事业默默贡献着自己的力量。

05
第五篇

安全文化建设规划

指导思想

　　以习近平新时代中国特色社会主义思想为指导，认真贯彻落实党中央、国务院关于安全生产工作的决策部署，坚持"安全第一、预防为主、综合治理"方针，坚持"严细实、清正廉"的工作作风，推进公司"一加十"安全文化体系落地，着力打造公司"安·宁"特色安全文化品牌，全力营造"我要安全、人人安全、公司安全"的良好氛围，为"卓越辽电三年工程"奠定坚实的安全基础。

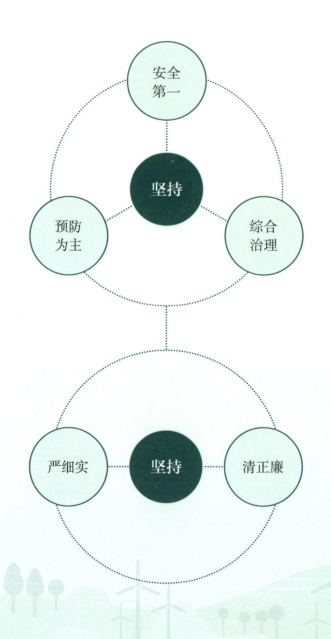

工作原则与目标

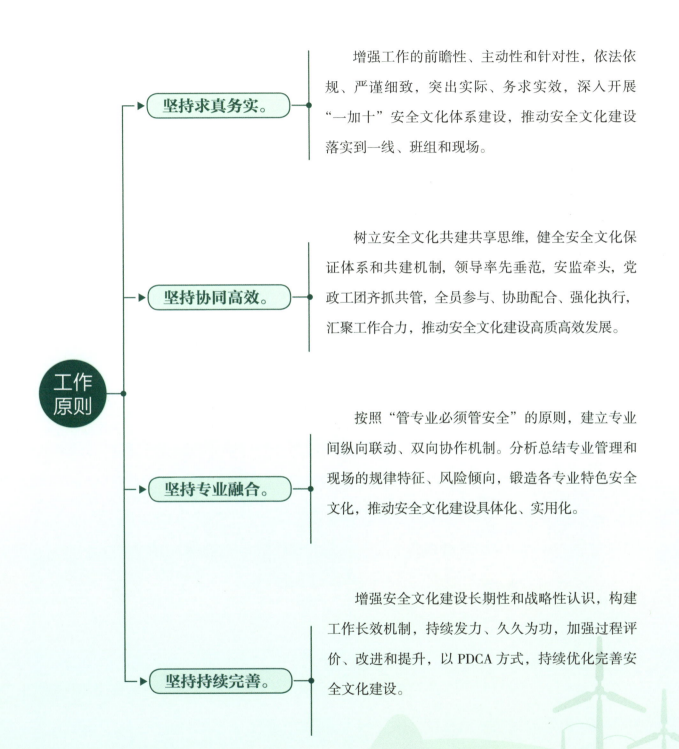

工作原则

坚持求真务实。

增强工作的前瞻性、主动性和针对性，依法依规、严谨细致，突出实际、务求实效，深入开展"一加十"安全文化体系建设，推动安全文化建设落实到一线、班组和现场。

坚持协同高效。

树立安全文化共建共享思维，健全安全文化保证体系和共建机制，领导率先垂范，安监牵头，党政工团齐抓共管，全员参与、协助配合、强化执行，汇聚工作合力，推动安全文化建设高质高效发展。

坚持专业融合。

按照"管专业必须管安全"的原则，建立专业间纵向联动、双向协作机制。分析总结专业管理和现场的规律特征、风险倾向，锻造各专业特色安全文化，推动安全文化建设具体化、实用化。

坚持持续完善。

增强安全文化建设长期性和战略性认识，构建工作长效机制，持续发力、久久为功，加强过程评价、改进和提升，以 PDCA 方式，持续优化完善安全文化建设。

工作
原则

　　全面开展安全理念落地、安全文化传播，试点开展示范建设，推动安全文化融入安全生产的日常管理及作业现场。传承优秀传统文化，契合现场实际，建设多种形式的安全文化物态载体，推出一批安全文化典型及成果，确保安全文化"意念化"根植，可视化呈现，助力公司实现"七杜绝，一确保"安全生产工作目标。持续深耕厚植，2025 年建成品牌卓越、国网标杆、行业领先的辽电特色安全文化体系。

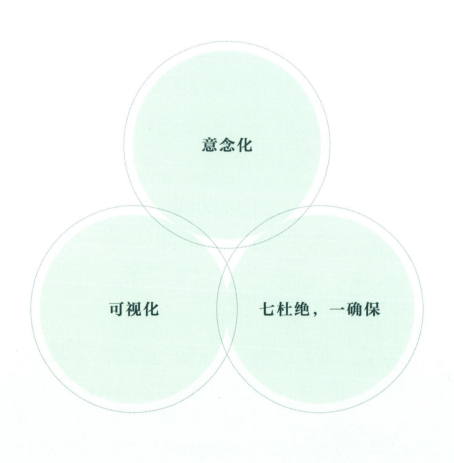

意念化

可视化

七杜绝，一确保

规划目标

第一阶段
（2023 年）

第二阶段
（2024 年）

第三阶段
（2025 年）

规划部署
有序推进

示范引领
实效开展

实践推广
全面提升

探索构建公司安全文化体系框架，完善公司安全文化体系建设，整体推进各级单位安全文化建设工作，试点开展市公司级安全文化体系建设，积累优秀经验，构建典型建设模式。

筹备建设省级安全文化阵地，评选市级优秀安全文化品牌并择优建设市级安全文化展厅、区（县）级安全文化长廊，评选、表彰一批安全文化先进班组、班组特色安全文化墙及先进个人。

全面开展安全文化展厅、长廊、文化墙建设，各单位提炼总结建设各具特色的安全文化品牌及体系，全面建成品牌卓越、国网标杆、行业领先的辽电特色安全文化体系并形成长效运转、持续改进的正向工作模式。

重点任务

全力建设先进安全文化价值体系

全面总结安全生产工作，凝炼升华安全工作亮点，充分调研安全文化现状，广泛征集安全管理意见，围绕安全发展规划和安全生产实际，建设完成符合公司宗旨使命、战略目标的"一加十"安全文化价值体系。各单位结合本单位特点，传承地域文化和优秀精神，形成覆盖各层级各专业的单位特色安全文化，与国网公司及辽宁公司安全文化价值体系形成有机整体，实现企业安全与地区发展的和谐统一，为"卓越辽电三年工程"营造良好的安全氛围。

全力推进"党建＋安全"管理工程

深化"党建＋安全"管理工程建设，将习近平总书记关于安全生产重要论述和指示批示精神、总体国家安全观、党中央和国务院关于安全生产决策部署作为各级党组织学习的重点内容，将安全工作纳入党组织会议议题，切实发挥党组织战斗堡垒作用。开展"党员身边无违章"等党建活动，选树先进案例，应用融合创新型学习辅助设备和系统，开展"学习强安"活动，促进各级党群工团工作与安全文化建设工作深度融合，增强全员安全意识、提升安全技能，强化安全管理。

全力压实领导干部率先垂范责任

推进领导干部带头学，提高安全发展的决策力，加快知识更新，优化知识结构，准确把握公司安全发展方向。推进领导干部带头讲，提高安全法规制度的领悟力，开展全员安全大讲堂，营造人人讲安全浓厚氛围。推进领导干部带头做，提高安全履责的执行力，严格落实"两个清单"，公示领导干部安全履责情况，严肃领导班子安全述职。推进领导干部带头抓，提高解决问题的行动力，推动各级领导干部下基层、下现场，察实情、出实招，解决基层一线存在的安全生产难点、堵点和痛点问题。

全力打造一批安全文化实践载体

持续创建一批国家级、省级安全文化示范企业。深耕公司"安·宁"品牌内涵，展现品牌特质，打造一批各具特色、内容充实、传播广泛的市级安全文化品牌。建设公司内涵统一、特色鲜明的安全文化阵地，展示安全文化的丰富内涵和生动实践。建设市、县级单位的安全文化教育室（厅、廊），作为基层安全文化展示、学习平台。建设具有专业特点的班组安全文化墙（廊），推动公司安全文化形成百花齐放的良好氛围，促进安全文化建设落地生根。

全力提升班组"我要安全"意识

丰富班组安全活动，通过安全日、班前班后会等形式开展全员安全大讲堂、安全大家谈、文化大讨论，推动安全文化融入基层班组，形成安全文化融合力。将安全文化素养转化为班组守规实践，将守规行为贯穿于安全生产全过程，运用数智技术建设一套安全教育培训软件，通过安全竞赛、知识问答、短视频等"零存整取"式学习，深化安全文化渗透力。将"我要安全"转化为主动创新的动力，促进主动履责积极创新解决一线安全生产实际问题，提升安全文化影响力。

全力传播安全文化优秀作品成果

定期组织召开安全文化建设推进会，举办公司安全文创作品展，推出一批优秀安全文化实践成果，遴选安全文化动漫、微电影、歌曲、数字化宣传等特色安全文化作品，丰富公司安全文化表现形式。积极拓展安全文化宣传渠道，对内通过网站、报纸等宣传报道优秀成果，对外通过传统媒体和新媒体平台传播安全文化品牌形象。选树宣传一批安全文化示范企业、示范集体、示范人物，推广典型经验，弘扬先进事迹，推动安全文化建设走深走实。

后记

　　为落实公司关于加强安全文化建设的部署，国网辽宁省电力有限公司安全监察部组织开展了一系列调研活动，全面了解国内以及行业内外安全文化理念、做法和建设情况，在多年理论研究和探索实践的基础上进行提炼总结，形成了公司安全文化价值体系，并组织编制了《安全文化建设指引手册》(简称《手册》)，旨在指导公司各单位安全文化建设。

　　安全文化建设是一项具有长期性、复杂性、持续性和系统性工程，《手册》是公司安全文化建设阶段性成果，今后将动态更新。抚顺、丹东、盘锦、辽阳等单位在编写过程中付出了艰辛的努力，在此一并致谢！希望各单位持续推进安全文化建设，遵循公司统一的安化价值体系，积极打造契合自身实际的特色安全文化。

图书在版编目（CIP）数据

安全文化建设指引手册 / 国网辽宁省电力有限公司
安全监察部组编. -- 沈阳：辽宁人民出版社，2024.
11. -- ISBN 978-7-205-11379-7

Ⅰ. TM08-62

中国国家版本馆 CIP 数据核字第 2024E3L190 号

出版发行：辽宁人民出版社

        地址：沈阳市和平区十一纬路 25 号　邮编：110003

        电话：024-23284325（邮　购）　024-23284300（发行部）

        http://www.lnpph.com.cn

印　　刷：沈阳市崇山彩色印刷有限公司

幅面尺寸：210mm×285mm

印　　张：7

字　　数：100千字

出版时间：2024 年 11 月第 1 版

印刷时间：2024 年 11 月第 1 次印刷

责任编辑：陈　兴　崔瑞桐

装帧设计：留白文化

责任校对：吴艳杰

书　　号：ISBN 978-7-205-11379-7

定　　价：68.00元